BEI GRIN MACHT SICH IHR WISSEN BEZAHLT

- Wir veröffentlichen Ihre Hausarbeit, Bachelor- und Masterarbeit

- Ihr eigenes eBook und Buch - weltweit in allen wichtigen Shops

- Verdienen Sie an jedem Verkauf

Jetzt bei www.GRIN.com hochladen und kostenlos publizieren

Bibliografische Information der Deutschen Nationalbibliothek:

Die Deutsche Bibliothek verzeichnet diese Publikation in der Deutschen National-
bibliografie; detaillierte bibliografische Daten sind im Internet über http://dnb.d-
nb.de/ abrufbar.

Impressum:

Copyright © 2018 GRIN Verlag
Druck und Bindung: Books on Demand GmbH, Norderstedt Germany
ISBN: 9783668692152

Dieses Buch bei GRIN:

https://www.grin.com/document/423655

Tim Holst

Auswirkungen von Versalzung und Gegenmaßnahmen am Fallbeispiel

GRIN Verlag

Seminararbeit zum Thema

„Stoffdynamik: Versalzung“

Inhaltsverzeichnis

1.   Einleitung 1

2.   Versalzung 2

   2.1   Grundlagen – Böden 2

   2.1.1 Natürliche Versalzung: Tag- und Grundwasserversalzung 3

   2.1.2 Künstliche Versalzung 5

   2.1.3 Alkalisierung 7

   2.2   Grundlagen – Gewässer 8

3.   Salztolerante Bodentypen und Pflanzen(-arten) 9

4.   Auswirkungen der Versalzung 12

   4.1   Böden und Pflanzen 12

   4.2   Gewässer 13

   4.3   Einordnung in den globalen Wandel 14

5.   Gegenmaßnahmen 15

6.   Fallbeispiel: Der Aralsee 19

7.   Fazit 22

8.   Literaturverzeichnis 24

Abbildungsverzeichnis

Abb. 1: Lage der Kalk-, Gips- und Salzanreicherung in Böden arider Klimate 4

Abb. 2: Salzkruste 5

Abb. 3: Der Versalzungsprozess im Zuge der Bewässerungslandwirtschaft 7

Abb. 4: The two pathways to soil alkalinization: accumulation of sodium carbonates and clay protonation 8

Abb. 5: Salzverträglichkeit und Ertragssenkung infolge von Bodenversalzung bei verschiede-nen Ackerfrüchten, Gemüsekulturen und Futterpflanzen 15

Abb. 6: Ertragsrückgang verschiedener SR-Hybriden unter salinen Bedingungen relativ zur Kontrolle 16

Abb. 7: Die Größe des Aralsees um 1960 im Vergleich zu 2009 20

Abb. 8: Der Aralsee als sozialökologisches Problem 22

Tabellenverzeichnis

Tab. 1: Zusammensetzung von Süß- und Meerwasser. Die Kationen und Anionen sind in Ionenäquivalenten dargestellt 9
Tab. 2: Klassifikation salzbeeinflusster Böden 11
Tab. 3: Zustand des Aralsees von 1960 bis 2000 (extrapolierte Werte) 21

1. Einleitung

Im Zuge des globalen Wandels, der sich unter anderem durch den Klimawandel, die Urbanisierung, dem Bevölkerungswachstum aber auch dem Landnutzungswandel ausdrückt, wird die Diskussion um die Versalzung landwirtschaftlich genutzter und unbenutzter Flächen sowie diverser Wasserkörper, ihrer Auswirkungen und Einschränkungsmöglichkeiten immer zentraler. Die Versalzung von Böden und Gewässern ist auf natürliche Prozesse oder anthropogene Nutzungsformen zurückzuführen (Scheffer & Schachtschabel 2002: 459), wobei der Anteil menschlicher Aktivitäten prozentual deutlich überwiegt. Die Folgen der überhöhten Salzanreicherung sind vielfältig und verheerend zugleich: die Zerstörung der Bodenstruktur, der Rückgang der Bodenfruchtbarkeit und die Beeinträchtigung des Pflanzenwachstums sowie des Stoffwechsels von Mikroorganismen, woraus in letzter Konsequenz die Bedrohung gesamter Ökosysteme resultiert (Europäische Gemeinschaften 2009).

Insbesondere vor dem Hintergrund der steigenden weltweiten Bevölkerungszahl, die für 2050 auf 9 Milliarden und 2100 auf 11 Milliarden Menschen prognostiziert wird (Statistia 2018) und auf eine funktionierende landwirtschaftliche Produktion zur Ernährungssicherung und Bedürfnisbefriedigung angewiesen ist, wird die Herausforderung deutlich. Doch nicht nur der zuletzt genannte Aspekt, sondern auch im Hinblick auf wirtschaftliche Einnahmen durch intra- sowie internationale Exporte und zur Anwendung als nachwachsende Rohstoffe müssen effiziente Anpassungsstrategien entwickelt werden, um der globalen Versalzung bewässerter sowie ungenutzter Flächen entgegenzuwirken. Letztlich steht einer kontinuierlich steigenden Nachfrage nach landwirtschaftlichen Produkten nur eine begrenzt mögliche Ausweitung der Nutzfläche gegenüber, worauf vielmals eine Intensivierung der Nutzung bestehender Flächen, insbesondere durch Bewässerungssysteme erfolgt (Zimmer et al. 2012: 56).

Global betrachtet gibt es keine Klimazone, die als völlig salzfrei eingestuft werden kann, jedoch sind Gebiete arider und semiarider Klimate stärker betroffen als andere (Scheffer & Schachtschabel 2002: 459). Die nördlichen Great Plains (USA), der Aralsee (Kasachstan und Usbekistan), das Yellow River Delta (China), der Ganges (Indien) und das Indus-Einzugsgebiet (Pakistan) sind nur wenige Beispiele, die die Bodenversalzung permanent evozieren. Im Jahr 2014 fand ein Forscherteam um Manzoor Qadir vom UNU-Institut für Wasser, Umwelt und Gesundheit im kanadischen Hamilton heraus, dass weltweit circa 20% der bewässerten Böden von Versalzung betroffen sind. Hieraus resultiert eine versalzene und unbrauchbare Fläche von circa 62 Mio. ha in den trockenen und halbtrockenen Regionen der Erde. Jährlich belaufen sich die weltweiten Schäden (Ertragsverluste) auf 27 Mrd. US-Dollar beziehungsweise auf 441 US-Dollar pro Hektar (Qadir et al. 2014: 282-289). Dieser drastische Befund ist im Kontext des globalen Wandels als eine der zentralen Herausforderungen anzusehen, die zur Bewältigung institutions- sowie länderübergreifender Zusammenarbeit bedarf.

Ziel der vorliegenden Ausführung ist es, das Themenspektrum der *Versalzung*, aufbauend auf der globalen Bedeutung, als Herausforderung darzustellen und dieses anschließend anhand eines Fallbeispiels auf der lokalen sowie regionalen Ebene zu analysieren und zu diskutieren. Inwiefern sich die Versalzung von Böden und Gewässern gestaltet und welche Auswirkungen damit verbunden sind, soll in dieser Arbeit dargestellt werden. Ausgehend von diesen Fragestellungen werden verschiedene, zum Teil neuartige Managementstrategien aufgezeigt und bewertet. Um die Größe der Bearbeitung nicht zu gefährden, wird auf die umfangreiche Darstellung globaler Hot Spots der Bodenversalzung im Sinne eines Rankings verzichtet, wenngleich diese einen interessanten Untersuchungsgegenstand darstellen würde.

Um einen Einblick in die Thematik zu ermöglichen, gliedert sich die Seminararbeit wie folgt: Zunächst werden die Rahmenbedingungen des Versalzungsbegriffs erläutert (Kap. 2). Das Kapitel veranschaulicht dessen Definition sowie Ausdrucksformen, einschließlich der dafür verantwortlichen Ursachen. In einem nächsten Schritt (Kap. 3) werden unterschiedliche Bodentypen sowie Pflanzenarten betrachtet, die eine erhöhte Salztoleranz besitzen, um die Vollständigkeit und Transparenz der Thematik zu gewährleisten. Im weiteren Verlauf werden die Auswirkungen der Versalzung im Hinblick auf Böden, Pflanzen und Gewässer analysiert, um Aussagen über die Veränderung der Eigenschaften und Produktivität dieser drei Komponenten tätigen zu können (Kap. 4). Im fünften Kapitel werden biologische und technische Managementstrategien behandelt. Im vorletzten Kapitel (6) wird ein Fallbeispiel vorgestellt, analysiert und diskutiert, um die Versalzung auf einer kleinmaßstäbigeren Ebene zu projizieren. Im Fazit werden die zentral herausgestellten Ausführungen wertend und resümierend reflektiert (Kap. 7).

2. Versalzung

2.1 Grundlagen – Böden

Der Begriff *Versalzung* bezeichnet die überhöhte Akkumulation wasserlöslicher Salze in Böden oder Bodenhorizonten humider, aber vor allem arider sowie semiarider Gebiete, in denen die Verdunstung den Niederschlag überwiegt. Hierbei sind Salze wie NaCl, Na_2SO_4, Na_2CO_3, zum Teil auch $CaCl_2$, Nitrate und Borate relevant. Je nach Herkunft der Salze unterscheidet man die natürlichen Formen der *Tagwasser-* oder *Grundwasserversalzung*. Während ersteres die Zufuhr gelöster Salze durch Niederschläge oder auch in Form von äolischen Staubablagerungen (atmogene Salze) bezeichnet und nur in ariden Klimaten zu einer

Salzanreicherung führt, definiert letzteres die Salzzufuhr aus dem Grundwasser, welche auch an Meeresküsten des humiden Klimas festzustellen ist (Scheffer & Schachtschabel 2002: 459).

2.1.1 Natürliche Versalzung: Tag- und Grundwasserversalzung

Bei der **Tagwasserversalzung** werden die dem Boden zugeführten atmogenen Salze, die vor allem den Meeren entstammen und daher von NaCl neben K^+-, Mg^{2+}-, Ca^{2+}-, SO_4^{2-}-, NO_3^--, HCO_3^--, und $B(OH)_4$-Salzen dominiert werden, in Böden humiden Klimas rapid ausgewaschen, wohingegen sie in Böden arider Klimate angereichert werden (Abb. 1a). Die Menge an angereichertem Salz ist von verschiedenen Parametern wie der Distanz zum Meer, der Beständigkeit arider Klimaverhältnisse, der Niederschlagsmenge sowie -variabilität, der Reliefposition sowie dem k_f-Wert, sprich der Wasserdurchlässigkeit des Bodens, abhängig. Im Hinblick auf die Lokalisierung der Salze in Bodenschichten muss differenziert werden: In porösen beziehungsweise sandigen Böden und bei semiaridem Klima findet eine tiefere Verlagerung der Salze statt als in wenig durchlässigen beziehungsweise tonigen Böden, die sich in einem ausgeprägtem ariden Klima befinden (Abb. 1b). Darüber hinaus werden im Boden enthaltene lösliche Salze weiter unten akkumuliert als der schwächer lösliche Gips und Calcit (Abb. 1). Des Weiteren werden leicht lösliche Salze ebenfalls nach ihrer Löslichkeit differenziert: Die sehr mobilen Nitrate sowie $CaCl_2$ konzentrieren sich weit unten im Boden (circa 1,3 Meter Höhe), Soda, sprich Na_2CO_3, dagegen weiter oben. In dieser Form der natürlichen Versalzung herrscht kein deterministisches System, sondern atmosphärische Prozesse fungieren als ausschlaggebende Treiber, die zu schwerwiegenden Änderungen fähig sind. Beispielsweise führen Extremereignisse wie Starkniederschläge, sofern der Wassergehalt die Feldkapazität überschreitet, zur stärkeren Perkolation von Senkenböden, sodass diese überwiegend salzfrei sein können (Abb. 1c) (ebd.: 460).

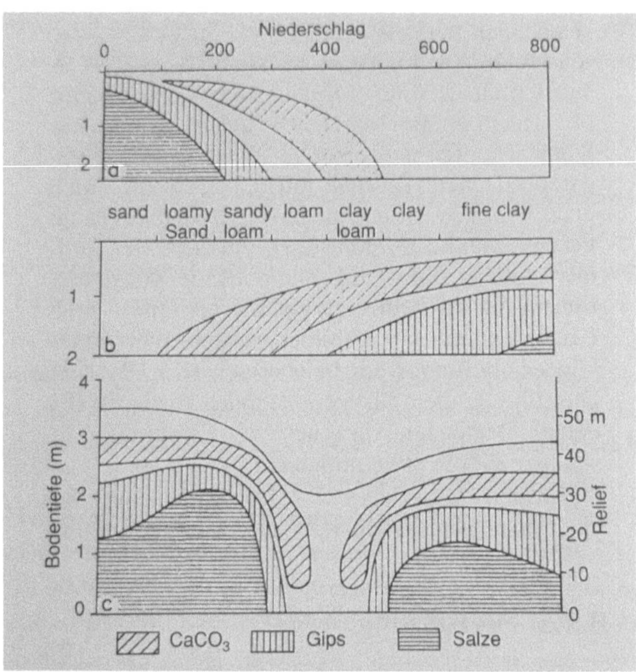

Abb. 1: Lage der Kalk-, Gips- und Salzanreicherung in Böden arider Klimate; (a) Klimaeinfluss auf mittelkörnigen Böden; (b) Textureinfluss bei 350 mm Jahresniederschlag; (c) Reliefeinfluss bei < 250 mm Jahresniederschlag (Scheffer & Schachtschabel 2002: 460)

Die natürliche **Grundwasserversalzung** ereignet sich im humiden Klima oftmals nur im Einflussbereich des Meeres, dessen Salzgehalt zwischen < 1% (Brackwasser z.B. in der Nähe von Flussmündungen) und 3,5% (im offenen Meer) divergiert. Beispielsweise sind die Böden der Watten sowie der nicht eingedeichten Marschen in Norddeutschland von dieser Art der Versalzung betroffen, wobei sich auch im Bereich subtropischer und tropischer Meeresküsten (z.B. die Schwarzmeerküste oder Mangrovenwälder[1] im tropischen Klima) Salzböden (z.B. Salic Fluvisol) finden lassen. Salzböden treten dagegen im Binnenland nur sehr selten auf. Diese sind dort an ein oberflächennahes und durch hohe Salzkonzentrationen gekennzeichnetes Grundwasser gebunden, was im Bereich aufgestiegener Salzstöcke oder salzhaltiger Quellen der Fall ist.

---

[1] An der Westküste Australiens, an der ein tropisches Trockenklima herrscht, ist es im Jahr 2017 durch Meeresspiegelschwankungen zur Überschreitung der Salztoleranzgrenze gekommen, was zu einem erheblichen Absterben der Mangrovenbestände führte. Durch die Intensität der Sonneneinstrahlung, der fehlenden Frischwasserzufuhr sowie der andauernden Evapotranspiration fand eine Erhöhung des Salzgehalts im Porengrundwasser statt (Lovelock et al. 2017).

In Klimagebieten, die durch eine hohe Aridität gekennzeichnet sind, sind Grundwasserböden hingegen auch im Binnenland oftmals mit Salzen angereichert, welche salzhaltigem Gestein oder versickertem Regenwasser entstammen. Unter extremen ariden Klimaverhältnissen kann es sogar passieren, dass selbst salzarmes Grundwasser einer starken Salzanreicherung unterliegt. Die verschiedenen im Boden vorkommenden Salze werden mit Hilfe des Kapillarwassers in Richtung der Bodenoberfläche transportiert und dann im Verdunstungsbereich in Bezug auf ihre Löslichkeit gefällt. Sofern das Grundwasser die Bodenoberfläche erreicht, entstehen Salzkrusten (Abb. 2), wobei die angereicherten Salze durch jedwede Niederschläge wieder in Lösung gehen. Dies bedeutet, dass die Salze im Jahresverlauf vermutlich zwischen Ober- und Unterboden „pendeln" (ebd.: 461).

Eine weitere Ursache für die Versalzung von Böden sind hydrologische Extremereignisse wie z.B. Überflutungen. Im Jahr 1953 verursachte eine Sturmflut flächendeckende Überschwemmungen in Ostengland, Belgien und den Niederlanden, in deren Verlauf eine große Menge an Meerwasser in den Boden eingetragen wurde (Rowell 1997: 487).

Abb. 2: Salzkruste (Harvey 2002)

2.1.2 Künstliche Versalzung

Neben der primären, natürlichen Versalzung kann es durch verschiedene, anthropogen bedingte Faktoren zur sekundären, künstlichen Versalzung[2] kommen. Hauptsächlich entsteht diese Form durch die steigende und kostengünstige Verfügbarkeit von Anlagen zur

---

[2] Zimmer et al. (2002:57) weisen auf eine weitere Form der Bodenversalzung hin. Diese wird durch Bodenerosion verursacht, wenn unterhalb abgetragener oberer Erdschichten salzhaltige -schichten zur Oberfläche oder in Reichweite der Pflanzen kommen. Nichtsdestotrotz muss betont werden, dass Bodenversalzungsformen praktisch nicht so leicht voneinander zu trennen sind, wie es theoretisch der Fall ist. Anthropogene Aktivitäten können natürliche Prozesse begünstigen, die sich erst im Zuge weiterer, zum Teil undurchsichtiger Entwicklungen zeigen.

Bewässerung und den Mangel an Kenntnissen über den richtigen Einsatz von Bewässerungsmethoden, was in den letzten Jahrzenzen zu einer massiven Zunahme der Bodendegradation landwirtschaftlicher Flächen führte (Zimmer et al. 2012: 56). Die Salzeinträge beim Bewässerungsfeldbau unterliegen vor allem der Menge des zur Bewässerung verwendeten Wassers sowie der Konzentration der gelösten Salze (Rowell 1997: 488).

Im Hinblick auf die künstliche Versalzung muss ebenfalls zwischen humidem und aridem Klima unterschieden werden: Zum einen findet die künstliche Versalzung in Böden humider Klimate bei Berieselung mit natriumreichen Abwässern sowie dem Einsatz von Düngermitteln und zum anderen durch die Ausbringung von Streusalz am Straßenrand statt. Darüber hinaus werden Auenböden durch Flusswasser kontaminiert, welches durch das Einleiten von Abraumsalzen der Kaliindustrie erhöhte Salzkonzentrationen aufweist, wenngleich diese Salze nicht im Boden verbleiben.

In von Aridität geprägten Gebieten erfolgt die künstliche Versalzung von Böden gleichermaßen im Zusammenhang mit der dort eingesetzten Bewässerung (Scheffer & Schachtschbel 2002: 461). Das Bewässerungswasser enthält immer gelöste Salze. Beispielsweise stammen diese aus Flüssen, in denen sie sich angesammelt haben, wenn Wasser oberirdisch abfließt oder durch den Boden versickert. Selbst das Vorhandensein kleiner Salzmengen führt in einem qualititativ guten Bewässerungswasser zur Salzanreicheurng im Boden, falls diese nicht mit Hilfe von Regen- oder Bewässerungswasser ausgewaschen werden können (Rowell 1997: 487). Zur Bewässerung wird wie bereits erwänhnt Fluss- oder tiefer gelegenes, oft fossiles Grundwasser verwendet, welches im Durchschnittt häufig unter 0,1% Salze enthält, allerdings in Bezug auf die Jahreszeit und das Einzugsgebiet auch deutlich höhere Werte aufweisen kann. Des weiteren kann durch den Einsatz von Bewässerung eine starke Hebung des Grundwasserspiegels verursacht werden. Auf eine anschließende Aufwärtsbewegung sowie Verdunstung des Bodenwassers folgt eine Anreicherung von Salzen im Oberboden (Scheffer & Schachtschabel 2002: 461). Die sekundäre Versalzung in Küstengebieten kann hingegen auch durch eine übermäßige Entnahme des Grundwassers hervorgerufen werden. Wenn zu viel Wasser entnommen wird, kann es zu einer Abnahme des Grundwasserspiegels kommen, wodurch das salzhaltige Meerwasser in den Süßwasser-Aquifer eindringt (EU 2009). Dieser Prozess wird als Salzwasserintrusion bezeichnet und maßgeblich durch die höhere Dichte des Salzwassers ($1,025$ g/cm^3 bei 25° C) gesteuert (Balderer 1992: 1 f.).

Der Salzgehalt und der Natriumanteil der Kationen bestimmen die Eignung des zur Bewässerung verwendeten Wassers. Ersteres wird über die elektrische Leitfähigkeit erfasst, die unter $0,75$ mS cm^{-1} liegen sollte, was circa 0,05% Salz entspricht, während letzteres durch die Bestimmung des Verhältnisses von Na / [(Ca + Mg)]$^{1/2}$ im Wasser erfasst wird und das sogenannte Natrium-Adsorptionsverhältnis (NAV) darstellt. Dieses korreliert stark mit der Sättigung von Natrium, welche in den bewässerten Böden auftritt und kann im Hinblick auf die Anwendbarkeit gestört werden kann, wenn der Gehalt an Hydrogencarbonaten von Ca und Mg im Wasser einen zu hohen Wert aufweist (Scheffer & Schachtschabel 2002: 461). Der künstliche Versalzungsprozess durch die Bewässerungslandwirtschaft ist in der nachfolgenden schematisch Abbildung dargestellt.

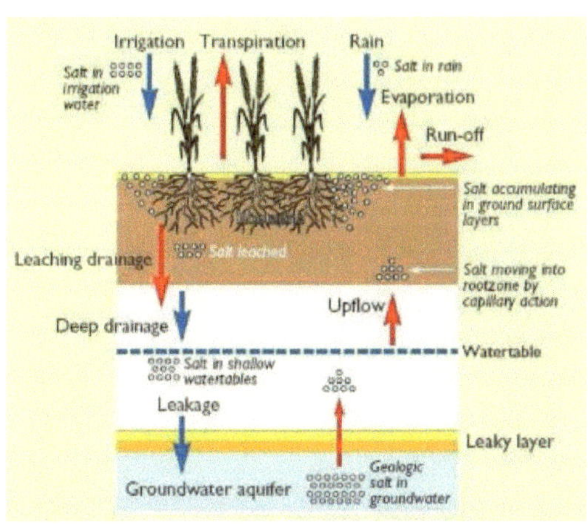

Abb. 3: Der Versalzungsprozess im Zuge der Bewässerungslandwirtschaft (CSIRO, 2005: 113)

2.1.3 Alkalisierung

Neben der Versalzung stellt die Alkalisierung eine weitere gravierende Form der Bodendegradation dar. Der Vorgang bezeichnet die Anreicherung von Basen im Boden. Alkalisierend wirken vor allem $NaHCO_3$, Na_2CO_3 und austauschbares Natrium, deren Hydrolyse zu höheren (alkalischen) pH-Werten führt. In ariden Gebieten tritt die Alkalisierung überwiegend bei aufwärts gerichtetem Wasserstrom auf (Keskin 2005: 12). Zu den alkalischen Schadstoffen gehören beispielweise Industrie-, Magnesit- sowie Zementstäube, Abwässer und Asche (Lukjanova et al. 2013: 3 f.). Die Bodenalkalisierung zeichnet sich durch einen Anstieg des pH-Wertes auf über 8,4 aus und ist auf zwei unterschiedliche Wirkungsweisen zurückzuführen. Die erste bezieht sich auf die Verdunstung von Bewässerungs- und/oder Flachwasser, während letztere in Natriumböden mit geringer Ionenstärke der Bodenlösung festgestellt wird. In letzterem Fall kann der pH-Wert des Bodens auf Werte über 10,5 ansteigen (Sou/Dakouré et al. 2013: 32). Die zwei Wirkungsweisen werden in der folgenden Abbildung schematisch illustriert.

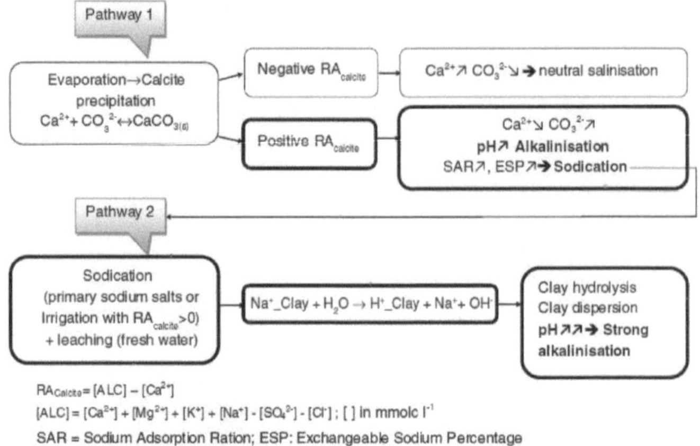

Abb. 4: The two pathways to soil alkalinization: accumulation of sodium carbonates and clay protonation (Sou/Dakouré et al. 2013: 32).

2.2 Grundlagen – Gewässer

Wenngleich ungefähr 71% der Erdoberfläche von Wasser bedeckt ist, sind bloß 2,5% des Gesamtvorrats Süßwasser (97,4% Salzwasser, Kryosphährenkomponenten wie Schnee, Eis und Gletscher bilden den Rest). Von diesen 2,5% ist wiederum nur ein Drittel als Grundwasser, Wasser in Seen sowie Flüssen nutzbar. Die Verfügbarkeit von Wasser für den Menschen hängt im Wesentlichen von drei Bedingungen ab: 1. der natürlichen Verteilung und Neubildung, 2. dem Zugang zu Wasserressourcen und 3. der Verwertbarkeit. Der erste Faktor ist zentral von Niederschlägen sowie Verdunstungsraten abhängig, die weltweit sehr unterschiedlich ausfallen können. Darüber hinaus variiert die räumliche Verteilung von Grundwasservorkommen auf Grund der hydrogeologischen Beschaffenheit sowie der Erneuerbarkeit der Reservoire (Evers & Taft 2018: 4 f.). Global betrachtet werden ungefähr 70% des kompletten Süßwasservorrats für die Landwirtschaft verwendet (hauptsächlich in den am wenigsten entwickelten Ländern, LDC's), während der Wert in Kernregionen bei 15% liegt (FAO 2011).

Der Salzgehalt, auch als Salinität bezeichnet, kann in Binnengewässern höher als im offenen Meer sein. Sie weisen ein Konzentrationsspektrum mit einer hohen Spannweite auf d.h. wenige Milligramm Salz pro Liter bis zu einer Milliarden Milligramm Salz pro Liter. Der globale Mittelwert liegt bei circa 120 mg. Vor diesem Hintergrund werden Gewässer als Süßwasser bezeichnet, wenn diese eine Abdampfrückstand von weniger als 1000 Milligramm Salz pro Liter besitzen. Je nach Grad der Salinität werden Gewässer als oligo-, meso-, oder polyhalin klassifiziert und als euhalin, wenn der Salzgehalt dem des Meeres entspricht. Die Extremform, hyperhalin, bezeichnet eine Überschreitung des Salzgehalts des Meeres. Die nachfolgende Tabelle gibt drei unterschiedliche Klassifikationen des Salzgehalts von Binnengewässern an (Zimmermann-Timm 2011: 197).

Tab. 1: Zusammensetzung von Süß- und Meerwasser. Die Kationen und Anionen sind in Ionenäquivalenten darge-stellt (Uhlmann & Horn 2001: 528).

Redeke-Välikangas (1933)	Venice-System (1959)	Beadle (1943), Gammer et al. (1983)	Salz [g/l]	Organismen
Süßwasser	Süßwasser	Süßwasser	0,5	
oligohalin		subsalin	3,0	
	oligohalin		4,0	
α- mesohalin	mesohalin		8,0	
β -mesohalin			16,5	
		hyposalin	20,0	
polyhalin	polyhalin		30,0	
	euhalin		40,0	
	> 40	mesosalin	50,0	
	hyperhalin	hypersalin	>50,0	

Die Versalzung von stehenden oder fließenden Gewässern ist ebenfalls auf natürliche oder anthropogene Wirkungsfaktoren zurückzuführen. Ersteres hängt mit klimatischen Veränderungen wie beispielsweise einer erhöhten Verdunstungsrate sowie geringeren Niederschläge zusammen, während letzteres durch die Einleitung von Abwässern aus dem Bergbau, der Industrie, Landwirtschaft oder den Kommunen, durch Schwefeleinträge über SO_2 aus fossilien Brennstoffen (atmosphärische Deposition) sowie durch das Fehlen oder Verkleinern von Zu- und Abflüssen stattfindet (ebd.: 198).

3. Salztolerante Bodentypen und Pflanzen(-arten)

Der Übergang zwischen Salz und Nicht-Salzböden gestaltet sich fließend, ebenso derjenige zwischen Salz und Nicht-Salzflora, unter der Voraussetzung, dass das Geländerelief nicht zu einer zu deutlichen Abgrenzung führt (Frey & Lösch 2010: 389).

Im Boden angesammelte Salze liegen entweder gelöst im Bodenwasser oder als Kristalle im trockenen Boden vor. In einem Sättigungsextrakt wird die Messung der gelösten Salze der Bodenlösung durchgeführt, wobei hierfür eine gesättigte Boden-Wasser-Paste konstruiert wird, aus der die Lösung extrahiert wird. Der absolute Salzgehalt wird durch die Messung und Auswertung der elektrischen Leitfähigkeit des Bodensättigungsextraktes (EC_e) ermittelt. Einzelne Ionen werden je nach Bedarf gemessen (Rowell 1997: 489).

Solonchake (Weißalkaliböden) sind Salzböden, die insbesondere in semi- und vollariden Klimaten beheimatet sind. Europaweit verteilen sie sich auf kleine Flächen der südlichen Ukraine, der Balkanländer und Spanien. Die Salze sind auf die Atmosphäre, das Meer oder Salzgestein zurückzuführen. Dieser Bodentyp wurde in der Landschaft umverteilt und in Form von Grund- oder Hangwasser häufig in Senken angereichert (Scheffer & Schachtschabel 2002: 526). Gemäß der Bodenklassifikation der *World Reference Base for Soils* besitzen Solonchaks einen oberflächennahen *salic horizon*, der durch diagnostische Merkmale wie z.B. der elektrischen Leitfähigkeit des Bodensättigungsextraktes von mehr als 15 mS cm^{-1} bei 25 °C charakterisiert ist (Keskin 2005: 20).

Je nach Versalzungsursache lassen sich drei unterschiedliche Subtypen bestimmen: *Tagwasser-Solonchake* sind beinahe durch eine ganzjährige extreme Trockenheit gekennzeichnet und überwiegend in 2-5 dm Tiefe mit Salzen angereichert. Darüber hinaus sind sie relational betrachtet tonreicher und somit weniger porös als umliegende Arenosole oder Regosole. *Grundwasser-Solonchake* sind in erster Linie an hohe Grundwasserstände und dementsprechend an Lagen in Senken gebunden (zumindest der Unterboden ist nass). Im Oberboden konzentrieren sich die leicht löslichen Salze, wodurch es zum Teil zur Ausbildung von Salzkrusten an der Oberfläche kommmt. *Kulto-Solonchake* entstehen durch künstliche Bewässerung.

Solonchake sind durch die hohen Salzgehalte allgemein gut aggregiert. Eine Nutzung des Bodentyps ist jedoch erst nach Auswaschung der Salze möglich, wobei dies beim höheren Tongehalt kaum gelingt. Die Vegetation basiert auf salzliebenden Arten wie z.B. *Suaeda maritima* oder *Lepidium cartilagineum* und ist häufig kaum entwickelt, wodurch geringe Humusgehalte im A-Horizont festzustellen sind (Scheffer & Schachtschabel 2002: 527).

Solonetze (auch Natrium- oder Schwarzalkaliböden genannt) sind Böden in ariden Klimaten mit einem Btn-Horizont, der durch eine hohe Natriumsättigung (B-Horizont 15-90%), ein Säulengefüge, relativ hohe Tongehalte und oftmals durch eine dunkle Farbe gekennzeichnet ist. Sie sind insbesondere östlich des kaspischen Meeres, in West- und Zentralaustralien, Somalia und Argentien vertreten. Dieser Bodentyp entsteht überwiegend durch Entsalzung aus Solonchaken aufgrund einer Absenkung des Grundwassers, feuchter werdendes Klima oder durch den Einfluss von natriumreichen Grundwassers auf Steppenböden. Die hohe Natriumsättigung führt zu erhöhten pH-Werten (zwischen 8,5 und 11) und begünstigt die Verlagerung von Ton und Humus in tiefere Schichten, wobei eine Schluffwanderung im wechselseitigen Verhältnis von Quellung und Schrumpfung nach oben stattfindet.

Hierbei entsteht das typische Säulengefüge. Im feuchten Zustand ist dieser Bodentyp durch eine starke Dispergierung, schlechte Durchlüftung und eine geringe Wasserdurchlässigkeit gekennzeichnet, während er im trockenen von harten Stollen sowie tiefen Schrumpungsrisen durchzogen wird. Infolge der Eigenschaften sind sie ungünstig als Standort von Kulturpflanzen (ebd.: 528).

Solode (Steppenbleicherden) stellen im Klassifizierungssystem von 1938 eine große Bodengruppe innerhalb der intrazonalen, halomorphen Böden dar (Keskin 2005: 23), die sich aus salzhaltigem Material entwickelt hat. Es handelt sich hierbei um einen degradierten, entsalzten und entkalkten Solonetz-Boden im subhumiden bis semiariden Klima. Der Oberboden weist nur geringe Humusanteile auf. Bei ausgeprägter Verarmung des A-Horizontes infolge der Humus- und Tonverlagerung bildet sich ein weißer Bleichhorizont über dem dunklen und salzreichen B-Horizont. Auf Grund der Eigenschaften gelten Solode als nicht nutzbar (Herrmann & Buksch 2013: 1075).

Bedingt durch die Tatsache, dass sich Salze in Böden arider Klimate anreichern, sind Wüstenboden (darüber hinaus auch Gypsisole, Calcisole und Aridisole) geradezu immer salzhaltig (Scheffer und Schachtschabel 2002: 460).

Tab. 2: Klassifikation salzbeeinflusster Böden (Rowell 1997: 488)

Russisches System	Amerikanisches System [a]	L	E	pH
Salzige Böden und Solontschak	Neutralsalzboden (,,saline soil'')	> 4	< 15	< 8,5
	Salz-Alkaliboden (,,saline alkali soil'')	> 4	> 15	> 8,5
Solonez	Alkaliboden (,,non saline alkali soil'')	< 4	> 15	8,5—10
Solod	degradierter Alkaliboden (,,degraded alkali soil'')	< 4	< 15	< 7

[a] L = elektrische Leitfähigkeit eines Sättigungsextraktes des Bodens [$mS \cdot cm^{-1}$];
E = Gehalt an austauschbarem Natrium [%]

Salzliebende Pflanzen werden als Halophyten bezeichnet und kommen abgesehen von den polaren Regionen auf allen Kontinenten sowohl im humiden als auch ariden Klima aber auch in tropischen Gebieten (z.B. Mangrovenwälder) vor. Sie sind definiert als eine Gruppe von Pflanzen, die bei Wachstumsbedingungen von mehr als 200 mM NaCl überleben und sich fortpflanzen können.

Präferierte Standorte sind z.B. Salzsümpfe, -wüsten, -seen und -wiesen, Meeresküsten sowie anthropogen geschaffene Salzstellen, wobei sie einen Anteil von weniger als einem Prozent an der weltweiten Flora besitzen (Wani & Hossain 2015: 420). Je nach Wirkungsgrad des Salzes bzw. deren Verhalten werden sie in obligat, preferent und standortindifferent unterteilt. Erstere (z.B. Mesembryanthemum crystallinum), die ausschließlich auf salzbeeinflussten Standorten vorkommen, erfahren durch einen gewissen Salzgehalt des Bodens eine physiologische Begünstigung, die sich entweder in unmittelbarer Steigerung der Vitalität durch die Aufnahme höherer Salzmengen oder durch das unschädliche Ertragen größerer Salzmengen im Pflanzenkörper ausdrückt. Sie besitzen durch ihre Halotoleranz einen deutlichen Konkurrenzvorteil gegenüber den Glycophyten, Süßwasserpflanzen, die nicht fähig sind, auf Salzstandorten zu leben.

Preferente Halophyten können zwar Salzböden besiedeln deren physiologisches Optimum liegt jedoch im salzfreien bzw. -armen Milieu. Letztere bilden eine Übergangsform zu den Süßwasserpflanzen und kommen häufig auf salzfreien Böden vor. Trotz des sehr eingeschränkten Toleranzbereichs vertragen sie geringere Salzmengen (Frey & Löscher 2010: 389 f). Darüber hinaus lassen sich weitere Einteilungskriterien feststellen: In Bezug auf den Lebensraum und Wasserhaushaltstyp werden Halophyten in wasserhalin, lufthalin und terrestrisch halin eingeteilt, wobei die Formen nicht deutlich voneinander abgrenzbar sind (z.B. hydroterrestrich halin), während es je nach Salzgehalt der Bodenlösung oligo-, meso- und polyhaline (extrem salzhaltig) Arten gibt (Kreeb 1974: 338).

Als Salzregulation wird *„die Fähigkeit einer Pflanze, ein Überangebot an Salzen in ihrem Substrat durch Salzregulation vom Protoplasma fernzuhalten oder eine erhöhte osmotische und ionentoxische Salzbelastung zu ertragen"* (Larcher 1995: 361) beschrieben. Die evolutionär angeeigneten Mechanismen zur Salzaufnahme oder -regulation basieren beispielsweise auf der Salzfiltrierung, dem Abwurf von Pflanzenteilen, Absalzhaaren sowie Salzdrüsen und der Kompartimentierung und Salzsukkulenz (Scheibe 2001). Letztlich sind die verschiedenen Typen von Halophyten Grundlage für die mehr oder minder ausgeprägte Standortsbindung einzelner Arten. Als Bioindikatoren sind sie in der Lage, verschiedene Formen der Bodenversalzung aufzuzeigen (Kreeb 1974: 338).

4. Auswirkungen der Versalzung

4.1 Böden und Pflanzen

Die Versalzung weist gravierende Auswirkungen auf physikalische Prozesse in Böden sowie Pflanzen auf. Die wichtigsten Auswirkungen auf das Pflanzenwachstum sind: die unmittelbare toxische Wirkung löslicher Salze (Natrium, Chlor und Bor), die bereits bei geringen Konzentrationen auftreten kann, die Störung des Ionengleichgewichts sowie die Verringerung der verfügbaren Wassermenge durch die Reduzierung des osmotischen Potenzials. Letzteres wird als physiologische Dürre bezeichnet, da Pflanzen unter Wassermangel bzw. -stress leiden, wobei sie auf unterschiedliche Weise reagieren (Rowell 1997: 490). Beispielsweise können die im Überschuss vorhandenen löslichen Anionen und Kationen aufgrund von Ionenkonkurrenz die Nährstoffaufnahme durch die Pflanzen soweit erschweren, dass ein Mangel an Nährstoffen durch Salzschäden entsteht (Scheffer & Schachtschabel 2002: 403).

Die salzinduzierte Bodendegradation wirkt sich vielfältig auf Vorgänge sowie Eigenschaften von Böden aus z.B. durch die Quellung von Tonmineralen, die Verschlämmung (Zerstörung oberflächennaher Bodenaggregate), die Rissbildung, Verkrustung oder die Ionentoxizität (ebd.: 403 ff.). Rietz und Haynes (2003) untersuchten die Auswirkung der Versalzung auf mikrobielle Aktivität in Böden und ermittelten, dass diese einen maßgeblichen Einfluss auf die Größe und Aktivität der mikrobiellen Biomasse des Bodens und auf biochemische Prozesse hat, die für die Erhaltung der Bodenqualität wesentlich sind. Die Versalzung führt zu einer Verringerung des Abbaus der organischen Substanz im Boden und der Mineralisierung von C, N, S und P. Die daraus resultierende reduzierte Nährstoffverfügbarkeit stellt einen zusätzlichen wachstumslimitierenden Faktor für die Pflanzenproduktion in salinen Böden dar. Da die mikrobielle Aktivität für die Bildung und Stabilisierung von Bodenaggregaten von zentraler Bedeutung ist, könnte eine Verringerung der Aggregation eine weitere Konsequenz sein.

4.2 Gewässer

Ein steigender Salzgehalt hat große Auswirkungen auf die aquatische Biozönose. Beispielsweise betrifft sie ein Individuum und die Population in ihrem Vorkommen, ihrer Generationszeit und Reproduktionsfähigkeit sowie die gesamte Lebensgemeinschaft in ihrer Komplexität und Funktionsweise. Darüber hinaus führen salzreiche Gewässer zu artenarmen, aber individuenreichen Lebensgemeinschaften, wobei es mit zunehmender Salzkonzentration neben der drastischen Reduzierung von Arten zu einer Zunahme salzresistenter Formen kommt. Süßwasserorganismen können daher teilweise durch Einwanderer aus dem Brackwasser und dem Meer ersetzt werden. Oftmals dominieren im salinen Milieu Bakterien und einzellige Organismen über mehrzelligen Organisationsformen.

Innerhalb des Pflanzenspektrums wurden Algen, insbesondere Kieselalgen (Diatomeen), besonders gut untersucht. Diese reagieren auf Änderungen der Salzkonzentration – bereits ab 100 Milligramm Chlorid je Liter – mit einem Wechsel der Artenzusammensetzung, während höhere Pflanzen auf Veränderungen der Salzkonzentration sehr viel empfindlicher reagieren. *Elodea canadensis* reduziert schon bei 100 Milligramm Chlorid je Liter die Photosynthesenettoproduktion. Toxisch wirken auf die höheren Pflanzen vor allem Magnesium- und Kaliumchlorid. Des Weiteren dezimieren sich auch Bestände von *Ranunculus fluvitans* mit zunehmender Salzbelastung.

Die vielzelligen Organismen unter den Tieren reagieren sehr sensibel auf Salzbelastungen. Schwämme, Moostierchen und Muscheln sind Organismen, die bei erhöhter Salzkonzentration völlig verschwinden. Mehrere Fischarten wie z.B. diadrome Fischarten gelten als relativ salztolerant. Dies sind Individuen, die Laichwanderungen ins Süßwasser (Lachs oder Meerforelle) oder umgekehrt vom Süßwasser zum Meer (z.B. Aal) durchführen.

Natürliche Prozesse werden ebenfalls durch erhöht Salzkonzentrationen beeinflusst: Die Nitrifikation ist ein Beispiel für einen Abbauprozess, der mit steigender Salinität zurückgeht, obgleich viele Nitrifikanten im Gewässer nachweisen kann (Zimmermann-Tim 2011: 3 f.).

4.3 Einordnung in den globalen Wandel

Yeo (1998) prognostiziert eine problematische Interaktion von Klimawandel, Versalzung und dem Anbau von Nutzpflanzen bis zum Ende des aktuellen Jahrhunderts. Der Klimawandel scheint voraussichtlich eine Nettozunahme des Blatt-Luft-Dampfdruckunterschieds in wärmeren bzw. trockenen Regionen zu erzeugen und das Ausmaß der Versalzung bestimmter Gebiete zu erhöhen. Dies sind Gebiete arider Klimate, die von der Bewässerung abhängig sind und die sekundäre Versalzung bereits am häufigsten vorkommt. Dieser Trend scheint sich im zukünftigem Klima fortzusetzen. Auf der anderen Seite scheinen die erwarteten Vorteile von erhöhtem CO_2-Gehalt auf den Wasserverbrauch von Nutzpflanzen ungewiss zu sein, so dass ein erhöhter CO_2-Ausstoß den Bedarf an Wasser nicht ausgleichen kann. Ob erhöhtes CO_2 zu einer Verringerung der Blattsalzkonzentrationen in versalzten Pflanzen führe, sei ebenfalls ungewiss. Die in der Studie gewonnenen Erkenntnisse zeigen, dass der Salzgehalt in der Landwirtschaft wahrscheinlich durch den Klimawandel erhöht wird und dass ein erhöhter CO_2-Gehalt nicht der erhoffte nützliche Faktor sein wird.

Die Debatte über globale Wasserknappheit und Ernährungssicherheit hat sich in jüngster Zeit intensiviert. Die Weltbevölkerung könnte bis 2050 eine Rekordzahl von 9 Mrd. Menschen erreichen, jedoch steht der dringend benötigte Anstieg der Nahrungsmittelproduktion nicht bevor, ebenso wenig wie der Anstieg der Ernteerträge.
Stattdessen bestehen in einigen Regionen der Welt Einschränkungen hinsichtlich der Tragfähigkeit, da auch öffentliche Investitionen in landwirtschaftliche Forschung und Bewässerung zurück gehen. Der Großteil des Anstiegs der Nahrungsmittelproduktion muss aus Gebieten stammen, die derzeit durch eine Steigerung der Wasser- und Energienutzungseffizienz kultiviert werden. Die Autoren zeigten, dass das Bevölkerungs- und Einkommenswachstum die Nachfrage nach Nahrung und Wasser erhöhen wird. Die Bewässerung wird der erste Sektor sein, der Wasser verliert, da die Wasserkonkurrenz durch nicht-landwirtschaftliche Nutzung sowie die -knappheit zunimmt. Zunehmende Wasserknappheit wird Auswirkungen auf Ernährungssicherheit, Hunger, Armut und Ökosystemgesundheit und -leistungen haben. Um die Bevölkerung von 2050 zu ernähren, werden 12.400 km^3 Wasser benötigt (heute: 6800 km^3), was eine Wasserlücke von etwa 3300 km^3 hinterlassen (Hanjra & Qureshi 2010). Dies beutet allerdings nicht, dass die Überwindung der Bodenversalzung durch künftige geringere Wasserkapazitäten nicht mehr als schwerwiegende Form der Bodendegradation auftritt. Vielmehr muss mit den geringen zur Verfügung stehenden Kapazitäten effektiver umgegangen werden, um nachhaltig zu bewirtschaften. Weitere Entwicklungen, die zur intensiven Nutzung von Böden und dementsprechend zur Bodenversalzung führen, sind Landausbeutung und Land Grabbing, die oftmals wirtschaftlich oder politisch gesteuert sind.

5. Gegenmaßnahmen

Im Folgenden werden verschiedene Rekultivierungsmaßnahmen zur Verhinderung der Bodenversalzung erläutert, die in biologischen und technischen Bereichen angesiedelt sind.

Als erste biologische Maßnahme zur Anpassung an hohe Salzgehalte im Boden wird der **Anbau salztoleranter Pflanzen** angeführt. Die nachfolgende Abbildung zeigt die Salzverträglichkeit und Ertragssenkung infolge der Bodenversalzung bei verschiedenen Ackerfrüchten, Gemüsekulturen und Futterpflanzen. Anhand dieser lässt sich erkennen, dass Anbauprodukte wie Gerste, Zuckerrübe, Baumwolle, Rüben und Tomaten die höchste Halotoleranz bei gleichzeitig niedrigsten Ertragsminderungen aufweisen. Gerste weist bei einem elektrischen Leitwert des Sättigungsextraktes von bis zu 12 mS/cm nur Ertragssenkungen von 0-10% und dementsprechend die höchste Toleranz auf. Bei bei der Zuckerrübe und Baumwolle lassen sich Ertragssenkungen von 0-10% bei einer elektr. Leitfähigkeit von 10 mS/cm feststellen, was ebenfalls gute Werte darstellt. Gemüsekulturen weisen ein schlechteres Verhältnis als Ackerfrüchte auf, da z.B. Rüben Ertragsminderungen (0-10%) bei einer elektrischen Leitfähigkeit des Bodensättigungsextrakts von 8 mS/cm zeigen.

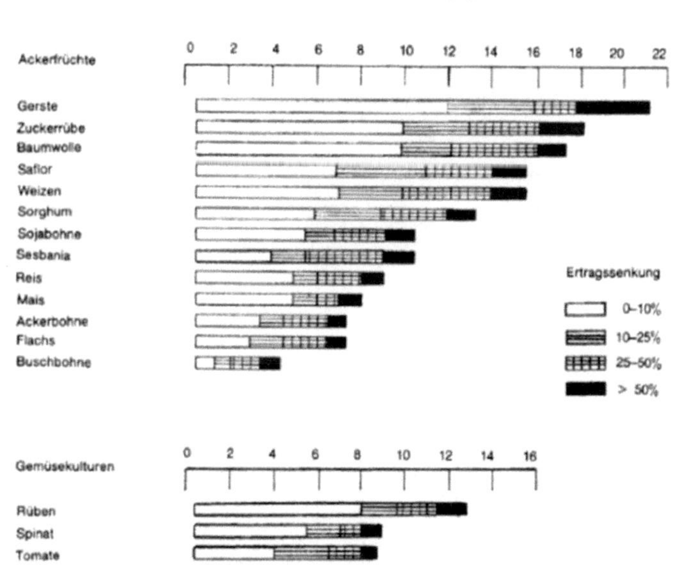

Abb. 5: Salzverträglichkeit und Ertragssenkung infolge von Bodenversalzung bei verschiedenen Ackerfrüchten, Gemüsekulturen und Futterpflanzen (verändert nach Achtnich 1980: 34)

Um einen Lösungsansatz für die Überwindung des globalen Problems der Bodenversalzung zu finden, wird an der **Entwicklung gentechnisch veränderter Pflanzen** geforscht wie z.B. die Entwicklung salzresistenter Maishybriden. Mit Hilfe konventioneller Züchtungsmethoden ist dem Institut für Pflanzenernährung der Justus-Liebig-Universität in Gießen gelungen salzresistente Maishybriden zu entwickeln, welche auch auf salinem Kulturland eine gute Ertragsbildung aufwiesen.

Während der Untersuchung wurden Pflanzen des Maishybriden Pioneer 3906 miteinander gekreuzt, um eine heterogene Folgegeneration (F2) zeugen zu können. Der Maishybrid Pioneer 3906 entstand durch die Kreuzung der Inzuchtlinien P 605 und P 165 und besitzt eine relativ effiziente Natriumexklusionsfähigkeit.

Die Untersuchungen zeigten, dass Pioneer 3906 sowohl Natrium an der Wurzeloberfläche exkludieren, als auch die Verlagerung von Natrium in den Spross minimieren kann, während die Elternlinien jeweils Überlegenheit in nur einer Strategie aufwiesen. In F2 konnten mit Hilfe weiterer Kreuzungen salzresistente Maishybriden (SR-Hybriden) etabliert werden, die neben einer effizienten Natrium-Exklusionsfahigkeit mit einer osmotischen Resistenz reagierten (Hatzig et al. 2009). Die Ertragsveränderungsrate gegenüber dem Maishybriden Pioneer 3906 wird durch nachfolgende Abbildung verdeutlicht.

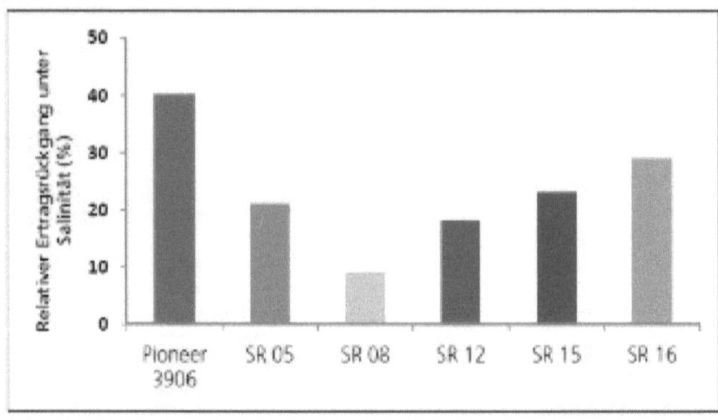

Abb. 6: Ertragsruckgang verschiedener SR-Hybriden unter salinen Bedingungen relativ zur Kontrolle (Hatzig et al. 2009: 60)

Weitere biologische Maßnahmen wären die **Änderung der Fruchtfolge** durch die große Mengen an Wasser gespart und Salze in einem breiteren Spektrum akkumuliert werden können oder das **Untermischen von Pflanzenresten** in die obere Humusschicht (Rowell 1997: 409).

Die erste technische Möglichkeit wäre die **Auswaschung von Salzen mit salzarmen Wasser**. Die Bodenversalzung lässt sich in bestimmten Fällen dadurch verhindern, dass einer Fläche ein möglichst natrium- sowie salzarmes Wasser (z.B. Kanalwasser) verabreicht wird. Die für die Auswaschung benötigte, zusätzliche Wassermenge, die über die zur Erzielung optimaler Erträge erforderliche Menge hinausgeht, hängt von der elektrischen Leitfähigkeit sowie dem NAV des Wassers, der Tiefe der durchwurzelten Bodenzone, der Salztoleranz der Kulturen und zuletzt dem Vorkommen potenziell toxischer Stoffe (z.B. Borate) ab (Scheffer und Schachtschabel 2002: 462).

Die Furchenbewässerung, die in der zweiten Hälfte des 19. Jahrhunderts appliziert wurde, intensivierte die Bewässerung auf wenig nachhaltige und effiziente Weise, sodass eine Vielzahl von Gebieten in Indien, Irak, Ägypten oder den USA flächendeckend unbrauchbar geworden sind (ebd.: 461). Die wohl effizientesten Methoden stellen die Unterflurbewässerung und die Tröpfchenbewässerung dar.

Bei der **Unterflurbewässerung** kann es zu keiner Verdunstung des Wassers und Bodenverschlämmung kommen. Um einen Bewässerungsschlauch wird beim Einbau ein wasserhaltender Bodenzusatzstoff eingebracht, welcher ein breiteres Wurzelwachstum ermöglicht. Zudem sinkt die Gefahr von Verstopfungen der Leitungen durch die Wurzeln der Pflanzen (Der Winzer 2014: 1). Neben dem Einbau von Bewässerungsschläuchen oder Rohren besteht bei der Unterflurbewässerung auch die Möglichkeit, den Grundwasserspiegel über Gräben künstlich anzuheben, sodass Wasser in den Wurzelraum aufsteigen kann. Vorteile dieses Bewässerungsverfahrens liegen unter anderem in der Dosierbarkeit der Wasserabgabe, einer guten Wasserzuteilung, dem nicht vorhandenen Geländeverlust aufgrund unterirdischer Leitungen, der Mehrzwecknutzung für Dünger und der Vermeidung von Auswaschung, Verdunstung und Bodenerosion. Grenzen sind, insbesondere bei der Unterflurbewässerung durch Rohre, die hohen Anlagekosten und die Verstopfungsgefahr der unterirdischen Leitungen. Außerdem ist dieses Verfahren nur für Pflanzen mit langem Wurzelwachstum geeignet (Akay 2013: 14, zit. nach Achtnich 1980).

„Unter der **Tröpfchenbewässerung** versteht man die häufige, aber langsame Zuführung von Wasser über Schlauchsysteme und kleine Verteiler in unmittelbarer Bodennähe oder sogar direkt an die Wurzeln, wenn es sich um unterirdisch verlegte Systeme handelt" (Klohn 1994: 68). Im Gegensatz zu anderen Bewässerungsmethoden werden kontinuierlich geringe Wassermengen aus den Verteilern, exakt dem Bedarf der Pflanze abgegeben, wodurch kontinuierlich optimale Feuchtigkeitsbedingungen für die Pflanze geschaffen werden. Zusätzlich sind höhere Erträge zu erzielen und ein gleichmäßigeres Wachstum der Pflanzen wird begünstigt. Diese Methode ist bei jeder Hanglage und bei sowohl leichten als auch schweren Böden einsetzbar. Außerdem ist dieses Verfahren wassersparend und Bodenerosion sowie Auswaschung werden verhindert (ebd.: 68 f.). Die Tropfleitungen können, wie bei anderen Bewässerungsmethoden auch, dazu eingesetzt werden um Dünger – und Pflanzenschutzmittel über die Tropfleitung an die Pflanzen zubringen. Bei der Nutzung von salzhaltigem Wasser kann es zu Salzanlagerungen und Verstopfungen im System kommen, weshalb eine Ausspülung von Nöten wäre, jene ließe sich aber leicht gestalten. Zudem sind Anlage- und Betriebskosten sowie der Energiebedarf sehr hoch (Akay 2013: 11 f., zit. nach Achtnich 1980).

Eine weitere technische Möglichkeit zur Verhinderung der salzinduzierten Bodendegradation stellt die **Drainage** dar. Unterirdische Entwässerungssysteme können den Grundwasserspiegel steuern, die Versalzung durch Kapillaranstieg begrenzen und die Auswaschung von Salzen erleichtern. Die Entwässerung kann auf unterschiedliche Weise erfolgen: durch tiefer angelegte **offene Drainagegräben** oder durch im Boden verlegte **Drainageröhren** aus Plastik oder Ton. In Pakistan wurden seit 1950 in salzhaltigen Grundwassergebieten 2.363 öffentliche Tiefbrunnen (vertikale Drainage für ca. 1,3 Mio. ha bewässerte Fläche) und Rohrdränungen (horizontale Drainage für ca. 193 000 ha bewässerte Fläche) für die Entwässerung errichtet. Diese Systeme sind hauptsächlich für die Entwässerung gedacht, da das Entwässerungswasser im Allgemeinen zu salzig ist, um als Bewässerungs- zu dienen. Unter pakistanischen Bedingungen sind Rohrdränungen um das Zehnfache teurer als Brunnensysteme (etwa 1000 US \$ / ha : 100 US \$ / ha). Einer der Hauptgründe, aus dem in den salzhaltigen Grundwasserbereichen trotz hoher Kosten Rohre zur Drainage eingeführt wurden, war die Schlussfolgerung, dass die langfristige Drainagewasserqualität bei Rohrabläufen besser als bei Brunnen sei, denn diese fördern das Grundwasser aus großen Tiefen, in denen das Wasser aufgrund der längeren Dauer und der stärkeren Lösung der Salze (Gesteine) einen höheren Salzgehalt aufweist.[3] Eine bessere Qualität des Drainagewassers verringert die Entsorgungsprobleme und erhöht die Möglichkeit, Drainagewasser für (ergänzende) Bewässerung zu verwenden (Kelleners & Chaudhry 1998). Drainagesysteme werden selbst in den Gebieten, in denen sie zwingend aufgrund der Versalzungsgefahr erforderlich sind, nicht angewandt, was in erster Linie auf den hohen Kostenfaktor (Errichtung, Pflege und Wartung) und dem fehlenden technischen Know-How zurückzuführen ist.

Die letzte in diesem Kapitel vorgeschlagene technische „Gegenmaßnahme" wäre die Ausweitung der Gefahrenerkennung und -dokumentation durch **Fernerkundung**. Traditionell wurde der Salzgehalt des Bodens durch das Sammeln von in situ Bodenproben und späterer Analyse ebenjener im Labor ermittelt, allerdings ist die Durchführung dieser Methode, insbesondere auf einem großen Gebiet, sehr kostenintensiv und zeitaufwendig. Daher stellt die Fernerkundung eine gute Alternative für die Überwachung, Bewertung und Kartierung von Veränderungen des Salzgehaltes im Boden dar, die durch ihr enormes Potenzial bereits in großem Umfang angewandt wurde (Allbed & Kumar 2013).

---

[3] Bei der Auswertung der gemessenen Daten kamen die Wissenschaftlicher zu dem Entschluss, dass es nur eine geringe zeitliche Änderung der Wasserqualität gab, die wohl auf einen unbeschränkten Grundwasserfluss in Entwässerungsgebiete zurückzuführen ist (Kelleners & Chaudhry 1998: 12).

Falls es sich um gravierende Versalzungserscheinungen handelt und Salz an der Boden-oberfläche angereichert ist, besitzen diese Gebiete eine sehr hohe Reflexion, was auf dem Luftbild als nahezu als weiße Flecken oder Flächen sichtbar wird. Aber selbst weniger stark betroffene Areale, bei denen die Versalzung bloß in einer Schädigung der Kulturpflanzen sowie in kahlen Stellen innerhalb ansonsten mit Feldfrüchten bedeckten Felder auftritt, sind infolge der sichtbar fleckenhaften und zum Teil auch linienförmigen Distribution heller Berei-che, auf dem Luftbild zu erkennen, wobei gesagt werden muss, dass die Reflexion alleine noch nicht ausreicht um ein Gebiet als mehr oder minder salin zu bezeichnen, da auch Ge-biete mit stärker erodierten Böden ohne Vegetation hohe Reflexionswerte aufweisen. Diese können nur anhand der geomorphologischen Situation auf Hanglagen oder Rücken von tiefer gelegenen versalzten Arealen unterschieden werden (Löffler 1985: 153). Bei der Bilderfas-sung werden multispektrale Satellitensensoren bevorzugt, hauptsächlich aufgrund der nied-rigen Kosten erstellter Bilder und der Fähigkeit, extreme Oberflächenausdrücke salzreicher Gebiete abzubilden. Multispektrale Daten haben jedoch aufgrund ihrer räumlichen und spek-tralen Auflösung begrenzte Fähigkeiten. Hyperspektrale Bilder, die durch eine feine räumliche und spektrale Auflösung gekennzeichnet sind, ermöglichen eine detailliertere Zuordnung des Bodensalzgehalts und stellen eine weitere Alternative dar.

Ähnlich wie bei Vegetationsindizes haben Forscher verschiedene Salzgehaltsindizes entwi-ckelt, um den Salzgehalt des Bodens zu ermitteln und abzubilden, jedoch wurden diese in-nerhalb verschiedener Forschungsanstrengungen mit unterschiedlichem Erfolg angewandt. Die Standorte unterscheiden sich in Bezug auf den Salzgehalt und die Menge der Vegetati-on, wodurch ein einzelner ausgewählter Index nicht in allen Fällen am besten geeignet ist (Allbed & Kumar 2013). Die Überwachung längerer Zeiträume durch Fernerkundung ist nicht nur für die Pedogenese, sondern auch für die Wirtschaftlichkeit betroffener Landeigentümer oder Pächter wichtig. Der Erfassung durch Fernerkundung muss mehr Beachtung geschenkt werden, da diese nicht in allen Ländern, vor allem nicht in LDC's, flächendeckend angewandt oder auf diese zurückgegriffen wird. Vor allem sollten internationale Datenbanken erstellt werden, in denen die Bilder sowie wissenschaftlich gewonnene Erkenntnisse für Bevölke-rung, Wissenschaftlicher und Politiker verfügbar gemacht werden.

6. Fallbeispiel: Der Aralsee

Der Schwund und die Verlandung des Aralsees stellt wohl eine der größten anthropogen entstandenen Umweltkatastrophen des 20 Jahrhunderts dar, die vor allem um 1980 für weltweites Aufsehen sorgte (Gebhardt 2010: 151). Der See befindet sich Mittelasien im Tiefland von Turan (45° N und 60° O) ist von den Wüsten Kysilkum bzw. Karakum sowie dem Ust-Urt-Plateau umgeben. Der Aralsee gehört jeweils ungefähr zur Hälfte den Staaten

Usbekistan und Kasachstan und wird beziehungsweise wurde von zwei großen Zuflüssen gespeist: Zum einen der Amu-Darja und zum anderen der Syr-Darja. In der Region um den Aralsee herrscht ein semiarides Klima. Dieser stellte einmal das viertgrößte Binnengwässer der Welt dar (Oberfläche von 66.900 km² mit einem Volumen von 1.056 km³), jedoch wurde dessen Größe durch defizitäre Planungsentscheidungen, kontinuierliche Überdungung und Wassermangel (Versteppung) stark dezimiert. Im Jahr 2010 betrug dessen Wasseroberfläche eine Größe von 30.900 km² bei einem Volumen von 255 km³. Der Wasserspiegel des Sees sank infolge der intensiven Nutzung von 1960 bis 1990 um 13 Meter und außerdem sind ungefähr 4 Millionen ha des Sees trockengefallen sind (Létolle & Mainguet 1993: 34 f.; 264 f.). Die nachfolgende Abbildung verdeutlicht den Rückgang des Aralsees.

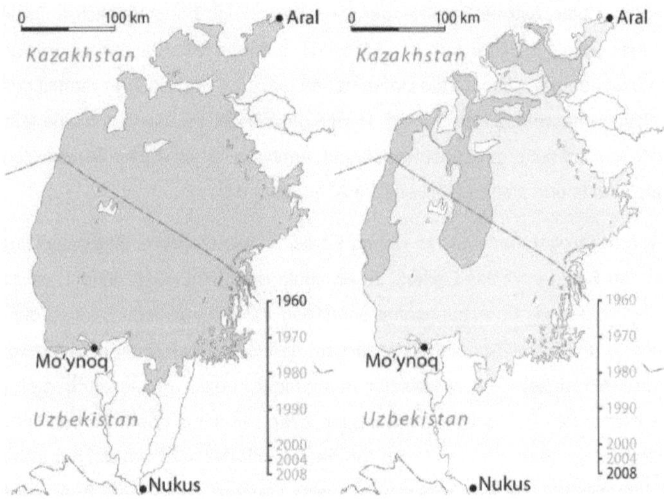

Abb. 7: Die Größe des Aralsees um 1960 im Vergleich zu 2009 (Gebhardt 2010: 151)

Der Aralsee existiert nicht mehr als der Aralsee, sondern wird in *klein* und *groß* unterteilt. Der Schwund des Aralsees ist auf ein Wirkungsgefüge mehrerer Faktoren zurückzuführen: Vor den 1960er Jahren entschied man sich für die Schaffung wirtschaftlicher Ressourcen durch den Anbau bewässerungsintensiver Baumwolle sowie Nahrungsmittel wie z.B. den Reis- oder Obstanbau. Für ein Hektar Reis benötigt man ca. 30.000 m³ Wasser. Andere anthropo- gene Nutzungsformen waren das Abholzen von Baumbeständen zur Nutzung als Brennholz oder für die Konstruktion von Schiffsflotten, was dem ökologischen Gleichgewicht der Region stark schadete, und die Fischereiwirtschaft. Um den Ertrag von letzterem zu erhöhen, wur- den dem See 18 Fischarten hinzugefügt, von denen nur 15 überlebten. Die ursprüngliche Population wurde durch den Verbrauch des ohnehin kärglich vorhandenen Planktons und durch die Übertragung von Parasiten ausgerottet. Nach den 1960er Jahren wurde die landwirtschaftliche Produktion durch die Sowjetregierung in Moskau ausgeweitet, indem Anbauflächen für Weizen und verschiedene Gemüsesorten hinzukamen und bestehende ausgeweitet wurden. Um das optimale Pflanzenwachstum im Hinblick auf die hohe erforderliche Wassermenge gewährleisten zu können, wurde in einem beträchtlichen Umfang Wasser von den oben genannten Flüssen zu den Anbauflächen abgeleitet. Der Wassertransport geschah in einem System von künstlichen Wasserbecken, Kanälen und Wasserleitungen entweder mit Hilfe von Pumpen oder dem Öffnen von Dämmen. Ein gravierende Problemlage ergab sich durch den Zustand und die Verteilung einzelner Komponenten der Bewässerungsinfrastruktur. Beispielsweise verdunsteten im Sommermonat zwei Drittel der Wassermengen im Kara-Kum-Kanal. Des Weiteren ist sind hohe Wassermengen durch den schlechten Zustand der Bewässerungskanäle verdunstet oder im Boden versickert, sodass ein Großteil des eigentlichen Bewässerungswassers nie die Felder erreichte.

Die intensive landwirtschaftliche Nutzung und die sich selbstverstärkende Verlandung des abflusslosen Salzsees führten in den letzten 30 Jahren zur zunehmenden Versalzung des Sees, der Ufer sowie umliegender Bereiche. Die meisten der dort vorkommenden Böden der Region weisen einen natürlich ausgeprägten Salzgehalt in den tieferen Bodenschichten auf. Die intensive Bewässerung dient als Treiber, der dazu führt, dass dich sich im Boden befindenden Salze an die Oberfläche gelangen. In den trocken gefallenen Gebieten rund um den See entstanden an vielen Stellen Dünen, bei denen es sich um eine Anreicherung vom Wind angewehter Salze handelt (ebd.: 267 ff.).

Mit der Austrocknung des Sees stieg auch der Salzgehalt des Wassers, der zu einem massiven Fischsterben und gleichzeitig zum Niedergang der Fischereiwirtschaft führte. Die Salinität im Aralsee vervierfachte sich innerhalb von 40 Jahren, nämlich von 10 Gramm Salz pro Liter (1996) auf 42 Gramm Salz pro Liter, wie der folgenden Tabelle zu entnehmen ist.

Tab. 3: Zustand des Aralsees von 1960 bis 2000 (extrapolierte Werte) (Létolle & Mainguet 1993: 277)

Jahr	Seespiegel	Oberfläche (km²)	Volumen (km³)	Salzgehalt (g/l)
1960	53,41	68 000	1090	10
1971	51,05	60 200	925	11,2
1976	48,28	55 700	763	14
1987	40,50	41 000	404	26,8
1988	39,80	39 400	365	28,3
1989	38,60	36 900	330	30,1
1991	37,00	34 000ª	-	34,0ª
1992	36,70	33 600ª	-	34,4ª
(2000)	33,00	23 400	162	42

Im Jahr 2003 wurden an verschiedenen Bereichen des Aralsees Salzgehaltswerte von bis zu 75 oder 150 Gramm pro Liter, was den Salzgehalt der Ozeane um ein Vielfaches übersteige würde (Aladin et al. 2005). Nicht nur die Fischereiwirtschaft, sondern auch die landwirtschaftliche Produktion brach teilweise ein. Infolge der Ablagerung der Salze auf den bewässerten Feldern war das Anbauen verschiedener Nahrungsmittel durch die geringe Salztoleranz und die Bodenunfruchtbarkeit nicht mehr möglich. Darüber hinaus entstanden durch die Extremsituation auch gesundheitliche sowie hygienische Herausforderungen durch z.B. limitierte aber auch mit Pestiziden verseuchte Grundwasserressourcen (ebd.: 278 f.). Die nachfolgende und qualitative Abbildung verdeutlicht ökologische sowie sozioökomische Problemlage.

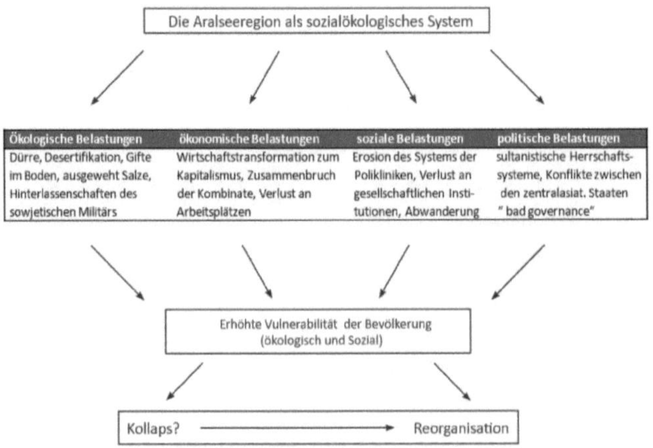

Abb. 8: Der Aralsee als sozialökologisches Problem (Gebhardt 2010: 160)

In Anbetracht der schwerwigenden Herausforderung durch die stark voran geschrittene Versalzung, die Austrocknung die Ökotoxizität verschiedener Stoffe wurden verschiedene Projekte und Maßnahmen realisiert, um ebenjene Prozesse analysieren und verhindern und nachhaltig verbessern zu können. Beispielsweise das „Daydwon Projekt" oder das Umleiten von Wasser aus dem kaspischen Meer, das Bauen von Deichen, die Anzapfung der Wolga sowie des Issyk-Kul-SeesVund das Auftauen von Eismassen. Vor dem Hintergund zu hoher Kosten, des Verdunstungspotenzials sowie energetischen Aufwandes sind diese Maßnahmen allerdings zu kritisieren (ebd.: 290 ff.).

7. Fazit

Abschließend kann gesagt werden, dass die Bodenversalzung einen komplexen sowie dynamischen Prozess mit schwerwiegenden Folgen für die Boden- sowie Gewässerumwelt darstellt. Hierbei sind nicht nur geochemische sondern auch damit verbundene wirtschaftliche Auswirkungen impliziert. Die natürliche oder anthropogene Versalzung von Böden ist kein neu auftretendes Phänomen, sondern (wahrscheinlich) einhergehend mit den Anfängen der Bewässerung, allerdings im 21. Jahrhundert vor dem Hintergrund der weltweiten Ernährungssicherung zentral und schwerwiegend wie schon lange nicht mehr. Da es sich um eine gravierende Umweltherausforderung handelt, ist die frühe Feststellung eines sich verändernden (Boden-)Salzgehaltes sowie die Bewertung seines Ausmaßes in einem frühen Stadium sowohl auf lokaler als auch auf regionaler Ebene elementar. Um der Versalzung effektiv entgegen zu wirken, müssen flächendeckende Anpassungsstrategien entwickelt werden. Für den Schutz des Bodens ist es fundamental, dass wissenschaftlich gewonnene Erkenntnisse in politischen Entscheidungen langfristig berücksichtigt werden, um die Gefahr zu erkennen, dokumentieren und einzugreifen. Hierbei ist auch eine staatliche Intervention durch Aufklärungsmaßnahmen, Bewässerungsstrategien oder Gefahrenkarten erforderlich, da viele Bewohner arider Gebiete urbane Landwirtschaft praktizieren, bei der sie entweder nicht über erforderliches Know-How der Auswirkungen der Bewässerung verfügen oder nicht Rücksicht auf bodenschonende Maßnahmen nehmen können, da sie auf eine schnelle Produktion zur Ernährungssicherung (z.B. durch Subsistenzwirtschaft und Handel) ihrer Familie angewiesen sind. Allerdings muss auch auf darauf hingewiesen werden, dass der Zustand der Bewässerungsinfrastruktur in ariden Gebieten häufig unterentwickelt ist und dementsprechend Ausbaubedarf besteht. Eine weitere Wissenslücke stellt die Wirkung des Klimawandels, die Erhöhung des CO_2-Gehalts in der Atmosphäre und die Salzanreicherung in Pflanzen, die es schnellstmöglich und intensiver zu erforschen gilt, um das Verhalten beziehungsweise die Wirkung der Salzkonzentrationen exakter abschätzen und Anpassungsmaßnahmen entwickeln zu können, was auch vor dem Hintergrund gen-technisch veränderter Pflanzen bei einer steigenden weltweiten Bevölkerungszahl relevant ist. Die Weltbevölkerung und vermeintlich die Urbanisierung werden wohl den größten *Pressure* auf die landwirtschaftliche Produktion ausüben.

Der Aralsee gilt wohl als Kernbeispiel für das Versagen anthropogener Entscheidungen sowie Nutzungsformeb auf lokaler, regionaler und nationaler Ebene. In erster Linie wurde aus wirtschaftlicher Perspektive nicht nur ein riesiger Waserkörper, sondern ebenso dessen Fauna sowie Flora auf langfristige Perspektive zerstört.

8. Literaturverzeichnis

Achtnich, W. (1980): Bewässerungslandbau: Agrotechnische Grundlagen der Bewässerungslandwirtschaft. (Eugen Ulmer), Stuttgart.

Aladin, N., Cretaux, J.-F., Plotnikov, I.S., Kouraev, A. V., Smurov, A.O., Cazenave, A., Egorov, A.N., Papa, F. (2005): Modern hydro-biological state of the Small Aral sea. In: Environmetrics 16, S. 376-392.

Akay, U. (2013): Entwicklung eines Tools zur Empfehlung eines Bewässerungssystems auf Basis lokaler Parameter. Hamburg.
Verfügbar unter:
https://www.yumpu.com/de/document/view/31235903/entwicklung-eines-tools-zur-empfehlung-eines-eduard-hamburg (letzter Abruf: 30.01.2018)

Allbed, A. & Kumar, L. (2013): Soil Salinity Mapping and Monitoring in Arid and Semi-Arid Regions Using Remote Sensing Technology: A Review. In: Scientific Research 3, S. 373-385.

Balderer, W. (1992): Salzwasser — Süßwasser, ein Problem nur der Küstengebiete? In: Vierteljahrsschrift der Naturforschenden Gesellschaft in Zürich, 137, 3, S. 123-142.
Verfügbar unter:
http://www.ngzh.ch/archiv/1992_137/137_3/137_17.pdf (letzter Abruf: 30.01.2018)

CSIRO (2005): The Irrigation Industry in the Murray and Murrumbidgee Basins. Verfügbar unter:
http://www.clw.csiro.au/publications/waterforahealthycountry/2005/irrigationindustrymurraycrcif.pdf (letzter Abruf: 29.01.2018)

Der Winzer (2014). Innovatives Bewässerungssystem: Unterflurbewässerung.
Verfügbar unter:
http://www.hydrip.at/de/news-reader/items/innovatives-bewaesserungssystem-unterflurbewaesserung.html (letzter Abruf: 30.01.2018))

Europäische Gemeinschaften (2009): Versalzung und Sodifizierung.
Verfügbar unter:
http://agrilife.jrc.ec.europa.eu/documents/DEFactSheet-04.pdf (letzter Abruf: 28.01.2018)

Evers, M. & Taft, L. (2018): Wasser – Lebensgrundlage, Ressource, Naturgefahr. In: Geographische Rundschau 1, 2, S. 4-7.

FAO (2011) The State of the World's Land and Water Resources for Food and Agriculture: Managing systems at risk. London/Rom.
Verfügbar unter:
http://www.fao.org/docrep/017/i1688e/i1688e.pdf (letzter Abruf: 27.01.2018)

Frey, W. & Lösch, R. (2010^3): Geobotanik. Pflanze und Vegetation in Raum und Zeit. (Springer Spektrum) Heidelberg.

Gebhardt, H. (2010): Der Aralsee – wirklich eine ökologische Katastrophe? In: Mächtle, B., Dippon, P., Nüsser, M, Siegmund, A. (Hrsg.): Auf den Spuren Alfred Hettners – Geographie in Heidelberg 23, S. 151-161.

Hanjra & Qureshi (2010): Global water crisis and future food security in an era of climate change. In: Food Policy. S. 365–377.

Harvey, J. (2002): Salzkruste.
Verfügbar unter:
http://www.johnharveyphoto.com/BCRoadTrip/Day1/SaltCrust.html   (letzter   Abruf: 03.02.2018)

Hatzig, S., Schubert, S., Zörb, C. (2009): Entwicklung salzresistenter Maishybrid. Ein Lösungsansatz zur Überwindung des globalen Problems der Bodenversalzung. In: Spiegel der Forschung 26, 2, S. 56-61.

Herrmann, H. & Bucksch, H. (2013^2): Wörterbuch Geotechnik/Dictionary Geotechnical Engineering. (Springer Verlag) Heidelberg/Berlin.

Kelleners, T.J. & Chaudhry, M.R. (1998): Drainage water salinity of tubewells and pipe drains: A case study from Pakistan. In: Agricultural Water Management 37, 1, S. 41-53.

Keskin, B. (2005): Ackerbaulich genutzte Böden in der West-Türkei: Probleme der Bodenversalzung bzw. -alkalisierung. (Dissertation) Oldenburg.
Verfügbar unter:
http://oops.uni-oldenburg.de/78/1/kesack05.pdf (letzter Abruf: 31.01.2018)

Klohn, W. (1994): Bewässerungslandwirtschaft in Kalifornien unter Dürrestress. Nutzungs-konflikte zwischen Landwirtschaft, Naturschutz und städtischen Agglomerationen. (Olden-burgische Volkszeitung) Oldenburg.

Kreeb, K. (1974): Pflanzen an Salzstandorten. In: Naturwissenschaften 61, S. 337-343.

Larcher, W. (1995[4]): Ökophysiologie der Pflanzen. (Eugen Ulmer) Stuttgart.

Létolle, R. & Mainguet, M. (1993). Der Aralsee, Eine ökologische Katastrophe. Paris.

Lovelock, C.E., Feller, I.C., Ruth, R., Hickey, S., Ball, M.C. (2017): Mangrove dieback during fluctuating sea levels. In: Scientific Reports 7, 1, S. 1-8.

Löffler, E. (1985): Geographie und Fernerkundung. Eine Einführung in die geographische Interpretation von Luftbildern und modernen Fernerkundungsdaten. (Springer Vieweg) Berlin.

Lukjanova, A., Mandre, M., Saarman, G. (2013): Impact of Alkalisation of the Soil on the Anatomy of Norway Spruce (Picea abies) Needles. In: Water Air Soil Pollution 224, S.1-12.

Qadir, M., Quillérou, E., Nangia, V., Murtaza, G., Singh, M., Thomas, R.J., Drechsel, P., No-ble A.D. (2014): Economics of salt-induced land degradation and restoration. In: Natural Re-sources Forum, 38, 10, S. 282-295.

Rietz, D.N. & Haynes, R.J. (2003): Effects of irrigation-induced salinity and sodicity onsoil microbial activity. In: Soil Biology & Biochemistry 35, S. 845–854.

Rowell, D.L. (1997): Bodenkunde. Untersuchungsmethoden und ihre Anwendungen. (Sprin-ger Verlag) Heidelberg/Berlin.

Scheibe, R. & Nettmann, E. (2001): Pflanzenwachstum auf versalzten Böden: Halophyten-Sammlung im Botanischen Garten der Universität Osnabrück. (= Schriftenreihe des Botani-schen Gartens der Universität Osnarbrück). Osnabrück.

Scheffer & Schachtschabel (2002[15]): Lehrbuch der Bodenkunde. (Spektrum Akademischer Verlag) Heidelberg.

Sou/Dakouré, M.., Mermoud, A., Yacouba, H., Boivin, P. (2013): Impacts of irrigation with industrial treated wastewater on soil properties. In: Geoderma 200-201, S. 31-39.

Statistia (2018): Prognose zur Entwicklung der Weltbevölkerung von 2010 bis 2100.

Verfügbar unter:

https://de.statista.com/statistik/daten/studie/1717/umfrage/prognose-zur-entwicklung-der-weltbevoelkerung/ (letzter Abruf: 30.01.2018)

Uhlmann, D. & Horn, W. (2001): Hydrobiologie der Binnengewässer. (UTB Verlag) Stuttgart.

Wani, S.H. & Hossain, M.A. (2015): Managing Salt Tolerance in Plants: Molecular and Genomic perspectives. (CRC Press) New York.

Yeo, A. (1999): Predicting the interaction between the effects of
salinity and climate change on crop plants. In: Scientia Horticulturae 7, S. 159-174.

Zimmer, M., Lippelt, J., Frank, J. (2012): Kurz zum Klima. Zu viel Salz verdirbt den Boden. In: ifo Schnelldienst 64, 9, S. 56-59.

Zimmermann-Timm, H. (2011[3]): Versalzung von Gewässern. In: Lozan, J.-L., Colijn, F., Graßl, H., Hupfer, P., Menzel, L., Wilderer, P., Schönwiese, C.-D.: Warnsignal Klima: Genug Wasser für alle? S. 197-202.